文怡的幸福厨房

快手
厨房

文怡／编著

摄影师／马俨

流程总编／李红莲 张云鹭

机械工业出版社
CHINA MACHINE PRESS

图书在版编目（CIP）数据

快手厨房 / 文怡编著. — 北京：机械工业出版社，
2019.7

（文怡的幸福厨房）

ISBN 978-7-111-63185-9

Ⅰ . ①快… Ⅱ . ①文… Ⅲ . ①菜谱 Ⅳ . ①TS972.12

中国版本图书馆CIP数据核字（2019）第140701号

机械工业出版社（北京市百万庄大街22号　邮政编码100037）

策划编辑：卢志林　　　责任编辑：卢志林

责任校对：樊钟英　　　封面设计：任珊珊　赵培鹏

责任印制：孙　炜

北京利丰雅高长城印刷有限公司印刷

2020年1月第1版第1次印刷

185mm×235mm · 9.75印张 · 2插页 · 186千字

标准书号：ISBN 978-7-111-63185-9

定价：59.80元

电话服务　　　　　　　　网络服务

客服电话：010-88361066　机 工 官 网：www.cmpbook.com

　　　　　010-88379833　机 工 官 博：weibo. com/cmp1952

　　　　　010-68326294　金 书 网：www.golden-book.com

封底无防伪标均为盗版　机工教育服务网：www.cmpedu.com

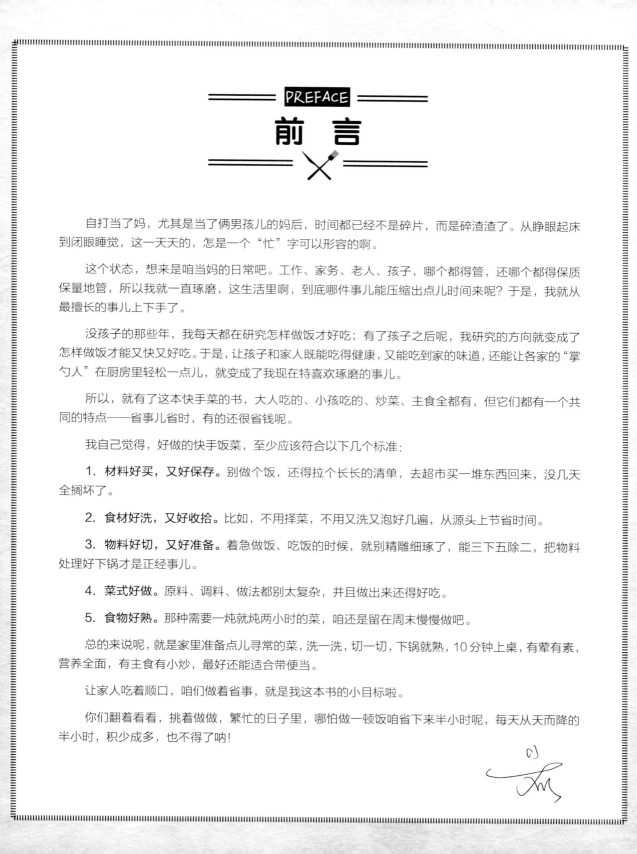

自打当了妈，尤其是当了俩男孩儿的妈后，时间都已经不是碎片，而是碎渣渣了。从睁眼起床到闭眼睡觉，这一天天的，怎是一个"忙"字可以形容的啊。

这个状态，想来是咱当妈的日常吧。工作、家务、老人、孩子，哪个都得管，还哪个都得保质保量地管，所以我就一直琢磨，这生活里啊，到底哪件事儿能压缩出点儿时间来呢？于是，我就从最擅长的事儿上下手了。

没孩子的那些年，我每天都在研究怎样做饭才好吃；有了孩子之后呢，我研究的方向就变成了怎样做饭才能又快又好吃。于是，让孩子和家人既能吃得健康，又能吃到家的味道，还能让各家的"掌勺人"在厨房里轻松一点儿，就变成了我现在特喜欢琢磨的事儿。

所以，就有了这本快手菜的书，大人吃的、小孩吃的、炒菜、主食全都有，但它们都有一个共同的特点——省事儿省时，有的还很省钱呢。

我自己觉得，好做的快手饭菜，至少应该符合以下几个标准：

1. **材料好买，又好保存。** 别做个饭，还得拉个长长的清单，去超市买一堆东西回来，没几天全搁坏了。

2. **食材好洗，又好收拾。** 比如，不用择菜，不用又洗又泡好几遍，从源头上节省时间。

3. **物料好切，又好准备。** 着急做饭、吃饭的时候，就别精雕细琢了，能三下五除二，把物料处理好下锅才是正经事儿。

4. **菜式好做。** 原料、调料、做法都别太复杂，并且做出来还得好吃。

5. **食物好熟。** 那种需要一炖就炖两小时的菜，咱还是留在周末慢慢做吧。

总的来说呢，就是家里准备点儿寻常的菜，洗一洗，切一切，下锅就熟，10分钟上桌，有荤有素，营养全面，有主食有小炒，最好还能适合带便当。

让家人吃着顺口，咱们做着省事，就是我这本书的小目标啦。

你们翻着看看，挑着做做，繁忙的日子里，哪怕做一顿饭咱省下来半小时呢，每天从天而降的半小时，积少成多，也不得了呐！

目录

前 言

Part 4

家里来客人啦

Part 5

送上一周菜单

* 书里的计量单位换算如下

量取液体时，1 茶匙 =5 毫升，1 汤匙 =15 毫升；量取固体时，1 茶匙 ≈ 5 克，1 汤匙 ≈ 15 克。比如，料酒 1 茶匙为 5 毫升，盐 1 茶匙为 5 克。

* 书中烹调用油是一般家庭常用的植物油、色拉油等，原料、调料中不再列出。

醋熘银芽

剁椒豆干炒白菜

番茄尖椒炒豆腐皮

......

Part 1

回家就吃饭

HUIJIA JIU CHIFAN

01

醋熘银芽

Cooking Materials

原料	绿豆芽 500 克
	红椒 1 个

调料	香醋 1 汤匙
	盐 1/2 茶匙
	糖 1/4 茶匙

绿豆芽

红椒

做法

1　绿豆芽洗净，掐掉根须；红椒去籽，切成细丝。锅中倒入适量油，大火加热至油热后，放入绿豆芽。

2　炒至绿豆芽微微变软时加入红椒丝。

3　加入所有调料，炒匀即可。

超级啰唆

● 绿豆芽很容易熟，记得要大火快炒。

● 炒这道菜我用的是香醋，各种醋的酸度不同，具体的用量可以根据自家的实际情况调整。

超级啰唆

- 这道菜只用白菜帮，口感比较清脆，白菜叶可以留着做汤或其他菜。
- 在腌制肉丝时，放料酒是为了去腥；放盐能增加味道；淀粉可以使肉炒好后口感软嫩；植物油的作用是可以锁住肉的水分，再炒的时候，不会干硬，另外，炒肉丝的时候，不容易糊锅。
- 剁椒有咸度，所以盐要少放。
- 豆干提前煸炒一下，味道更香。

KUAI SHOU CHU FANG

02

剁椒豆干炒白菜

Cooking Materials

葱　　白菜帮

剁椒

豆干　　猪肉

原料	猪肉 100 克	白菜帮 20 片
	豆干 3 块	葱 1 小段

腌肉料　料酒 1 汤匙
生抽 1 茶匙
玉米淀粉 5 克
植物油 1 茶匙

调料　剁椒 1 汤匙
盐 1/2 茶匙

做法

1　猪肉洗净切丝；豆干和白菜帮洗净，切条；葱切末。

2　肉丝放入碗中，淋入料酒、生抽抓匀，再加入淀粉抓匀后淋入植物油抓匀，腌制 5 分钟。

3　锅烧热后倒入油，加热至油热后放入肉丝，煸炒到肉丝变色后盛出。

4　锅中再倒一点儿油，加热至油热后放入葱花，煸出香味后，放入豆干炒 30 秒，再放入剁椒炒匀。

5　放入白菜帮，炒到白菜帮略微变软后，加入盐，翻炒均匀。

6　倒入煸好的肉丝，炒匀即可。

03

番茄尖椒炒豆腐皮

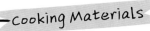

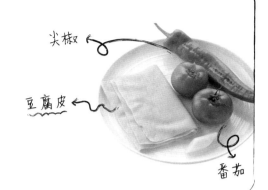

原料　尖椒 1 个
　　　番茄（小）2 个
　　　豆腐皮 2 张
　　　葱 1 小段

调料　盐 1/2 茶匙
　　　生抽 1 茶匙

尖椒

豆腐皮

番茄

做法

1　番茄、尖椒洗净切块；豆腐皮洗净切菱形块；葱切葱花。

2　锅内倒油，加热至油热后放入葱花煸出香味，倒入番茄，小火翻炒到番茄变软出汤。倒入豆腐皮，加盐和生抽，翻炒约 10 秒钟。

3　倒入尖椒，炒匀即可关火。

超级啰唆

- 这道菜从洗到切再到炒，都超级简单，手快点儿的，可能 5 分钟就能吃上饭了，很适合忙碌的上班族。
- 根据番茄的大小和你的口味决定用几个，最好选熟透的，炒出汤来再放豆腐皮，那样更有味道。
- 尖椒不要放得太早，出锅前放就行，放太早就皮了，不好吃。
- 喜欢吃辣的可以选择辣点儿的尖椒，更下饭哦。

04

辣豆豉土豆片

原料　土豆（中等大小）2 个
青蒜 4 根

调料　豆豉辣酱 2 汤匙
盐 1/3 茶匙
生抽 1 汤匙
糖 1/4 茶匙

土豆

青蒜

豆豉辣酱

做法

1　土豆削皮，切成约 4 毫米厚的片，在清水中冲洗 3 遍，沥干水分。青蒜洗净，斜切成约 4 厘米长的段。锅中倒入稍微多一点的油，加热至油温热时放入土豆片，中火不停地煸炒，炒至土豆片都被油浸润。

2　加入所有调料炒匀，淋少许水（大约是土豆片重量的 1/4），盖盖儿中小火焖约 2 分钟。

3　加入切好的青蒜，炒匀即可。

> 超级唠叨

● 土豆片不要切得太薄，要有一定厚度，否则容易炒碎成糊状。

● 土豆一定要多炒一会儿，炒透，这样基本就是七成熟了，后面只要加一点点水稍微焖一下就全熟了。水要少加。

> **超级啰唆**

- 这道菜可以算是超简版的麻辣香锅了，你可以放其他你喜欢的蔬菜或肉类，如果放肉的话，提前煎一下再混合会更好吃。
- 万事炖煮的时间根据你喜欢的口感来定，喜欢脆一点儿的就少煮一会儿，喜欢绵软的就多炖一会儿。
- 郫县豆瓣酱本身有咸味，而且每个品牌的咸度也不同，所以最后尝一尝，再决定要不要加盐或生抽。

05

辣炖莴笋土豆块

KUAI SHOU CHU FANG

Cooking Materials

土豆

莴笋

豆瓣酱

大料

香叶

原料	莴笋 1 根
	土豆（中等大小）1 个
调料	香叶 1 片
	大料 1 颗
	郫县豆瓣酱 2 汤匙

做法

1　莴笋和土豆去皮洗净，切成滚刀块备用。

2　锅内倒一点儿油，放入香叶和大料，小火炒出香味后，放入郫县豆瓣酱，炒出红油。

3　放入土豆块，翻炒均匀。

4　加水炖煮 5 分钟后放入莴笋块，再炖 3~5 分钟，收汁出锅。

06

青椒茄条

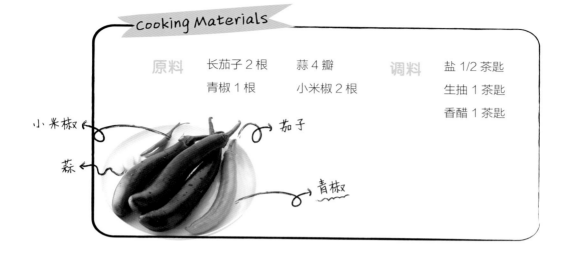

Cooking Materials

原料　长茄子 2 根　蒜 4 瓣　　调料　盐 1/2 茶匙

青椒 1 根　小米椒 2 根　　　　　生抽 1 茶匙

香醋 1 茶匙

小米椒　　　茄子

蒜　　　青椒

做法

1　茄子切成小指粗细的条，撒盐腌 15 分钟左右，倒去茄子析出的水分，用手稍微挤一下，不要用力；蒜切末；青椒去籽切丝；小米椒切圈。

2　锅中倒入适量油，加热至油微热时放入蒜末，炒香后加入小米椒圈。

3　放入茄条，大火炒至茄条变软，加生抽、香醋，加入青椒丝，炒匀即可。

超级啰唆

● 茄子要选长茄子，口感比较好。腌茄子时茄子会缩水，所以切茄丝时不要切得太细。腌的时间不要太久，去除一部分水分即可。

● 茄子不用炒很久，变软就可以了。

● 如果怕太辣，也可以不放小米椒。

超级啰唆

- 酸菜和土豆都比较吸油，油量要稍微大一些。
- 土豆丝和酸菜都要炒透，水不要加得太多，汤汁可以稍多一些，拌米饭很好吃。
- 酸菜有已经切好丝的，也有没切的，如果没切丝，最好切细一些再炒哦。

07

酸菜土豆丝

Cooking Materials

香葱

土豆

酸菜

原料	酸菜 1 袋
	土豆（中等偏小）1 个
	香葱 2 根
调料	生抽 1.5 茶匙

做法

1　土豆先切薄片，再切细丝，放入清水中浸泡，多洗几遍去除土豆中的淀粉；酸菜放入清水中洗一遍，挤干水分；香葱切小段。

2　锅中倒入油，加热至油温热时放入香葱段。

3　中小火炒出香味后，放入酸菜炒 1 分钟，再放入土豆丝炒 1 分钟。

4　加入菜量一半的水、生抽，转小火烧 3 分钟，最后大火收汤汁即可。

蒜蓉西葫芦

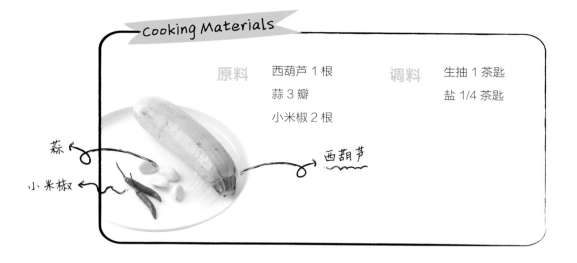

Cooking Materials

原料　西葫芦 1 根　　调料　生抽 1 茶匙
　　　蒜 3 瓣　　　　　　　　盐 1/4 茶匙
　　　小米椒 2 根

蒜
小米椒
西葫芦

做法

1　**2**　**3**

1　西葫芦洗净，纵向切开后再切 1.5 毫米厚的片；蒜切末；小米椒切小圈。锅中倒入油，加热至油温热时放入蒜蓉，小米椒圈，中小火炒香。

2　接着放入西葫芦，转大火，炒至西葫芦变软。

3　加入生抽、盐，炒匀即可。

超级啰唆

● 挑西葫芦时，要选表面没有伤疤，根部有细小茸毛且略微扎手的，这样的比较新鲜。

● 西葫芦不要切得太薄。

超级唠唠

● 黄瓜要切成略有厚度的片，否则易煎烂。

● 生抽可根据个人口味增减。

KUAI SHOU CHU FANG

09

紫苏黄瓜

Cooking Materials

黄瓜

紫苏

小米椒

蒜

原料 黄瓜 1 根

紫苏 6 片

小米椒 2 根

蒜 2 瓣

调料 生抽 1.5 茶匙

糖 1/4 茶匙

干淀粉 1/4 茶匙

做法

1　黄瓜切稍厚一点的片（约 2 毫米的厚度）；蒜切成末；小米椒切圈；紫苏切碎；调料放一起调匀。

2　锅中倒入油，加热至油温热时把黄瓜片平铺在锅底，中火，两面煎至微微上色后盛出。

3　将切好的蒜末、小米椒、紫苏放入锅中炒香，加入煎好的黄瓜片。

4　倒入调料汁，炒匀即可。

● 番茄根据你买的大小调整用量，多放点儿味道浓郁，吃完米粉再喝汤，美得很！
如果你是个讲究人儿，也可以在炒番茄之前，提前把皮儿去了。番茄酱不放也行，
但是味道肯定会受点儿影响哦。

如果你有时间，可以把米粉提前浸泡一下，这样能节省煮的时间，泡过的米粉，
煮七八分钟就差不多了。

● 煮米粉的时候，记得要不时地拿筷子搅拌一下锅底，别粘锅了。

● 若喜欢更爽滑口感的米粉，可以另起一锅煮米粉，煮好后过一下凉水，再放到做好的
茄汁里。

● 肥牛和豆苗都很容易熟，煮的时间千万别太长了。你还可以换成羊肉片或者芹菜
叶、香菜、油菜什么的，自由组合吧。

● 直接用汤锅做更方便，但是汤锅的底儿要有一定的厚度，太薄的那种，可能在炝
葱姜末的时候，就糊掉了哦！

10

茄汁肥牛米粉

Cooking Materials

肥牛　番茄

蟹味菇

番茄酱

干米粉

豆苗

原料	干米粉 100 克	肥牛 50 克
	番茄 2 个	葱 1 小段
	蟹味菇 100 克	姜 1 小块
	豆苗 50 克	

调料	料酒 1 茶匙
	番茄酱 1 汤匙
	盐 1/2 茶匙
	糖 1/2 茶匙

做法

1 番茄洗净后切小块；蟹味菇洗净掰开；豆苗洗净去掉老根；肥牛片加料酒，腌制5分钟；葱姜切末。

2 汤锅内倒一点儿油，加热至油热后放入葱姜末，炒出香味后，倒入番茄块，中火翻炒到番茄出汤，倒入番茄酱。

3 加清水（有高汤更好），大火煮开后放入干米粉，调小火，煮 10 分钟。

4 放入蟹味菇，煮 2 分钟。

5 放入肥牛。

6 放入豆苗，再煮 1 分钟就可以了。

虾仁青菜炒面

Cooking Materials

原料		调料	
虾仁 150 克		生抽 1 汤匙	
小青菜 5 棵		老抽 1 茶匙	
粗面 250 克		糖 1/4 茶匙	
姜 2 片			

小青菜

粗面

虾仁

做法

1　虾仁清洗干净，去虾线；小青菜择好洗净；姜切末。煮一锅水，水开后下面条，煮熟（挑一根面条掐断，里面有一点白心即可）后捞出，放入清水中冲掉多余的淀粉，沥干备用。

2　炒锅中倒入油，加热至油温热时放入姜末炒香，放入虾仁，大火炒至虾成熟变红。

3　放入青菜，炒至略微变塌。

4　放入面条，加入所有调料，炒匀即可。

超级啰唆

● 买来的虾仁如果没去虾线的话，要记得去掉虾线。

● 炒面最好用粗面。面条不要煮得特别烂，中间有一点白心就可以了。

● 可以将煮好的面条浸泡在水中，菜炒好后再捞出沥干水分放入锅中。

超级啰唆

- 夏天有短小的丝瓜卖，这种比长的好吃。
- 打蛋液时，要保证锅是开的，左手慢慢倒蛋液，右手用勺子画圈，这样就能打出薄薄的蛋花啦。

12

丝瓜鸡蛋汤

Cooking Materials

鸡蛋

小丝瓜

香葱

原料	小丝瓜 2 根
	鸡蛋 1 个
	香葱 1 根
调料	盐 1/4 茶匙
	香油几滴

做法

1 丝瓜用刮皮刀刮掉外皮，切成 3 厘米大小的滚刀块；鸡蛋打散；香葱切段。

2 锅中倒入一点点油，放入香葱段炒出香味。

3 加入水，烧开后放入丝瓜，大火煮至丝瓜变绿、微微变软。

4 打入蛋液，加盐调味，滴入香油即可。

葱香黄豆嘴儿

葱油豆腐

花椒油拌萝卜丝

……

Part 2

轻食餐来一拨

QINGSHICAN LAIYIBO

13

葱香黄豆嘴儿

原料 黄豆嘴儿 150 克
　　　葱白 1 小段

调料 小茴香 2 克
　　　盐 1/2 茶匙
　　　生抽 1 茶匙
　　　香醋 1 汤匙

小茴香

葱白

黄豆嘴儿

做法

1　锅内烧水，放入黄豆嘴儿、小茴香、盐煮 15 分钟；葱切碎末。

2　将煮熟的黄豆嘴儿捞出沥干，放入葱末。

3　加生抽、香醋拌匀就可以了。

超级啰唆

● 这个葱香黄豆嘴儿当配粥小菜很不错。黄豆嘴儿自己在家就能发：把黄豆泡发后倒掉水，盖一块湿润透亮的笼屉布，放在阴凉的地方（夏天要放冰箱），每天早晚各换一次水（黄豆用水冲一遍，笼屉布用流动的水洗一下再重新盖上），一般 1~2 天就能发好。

● 发好的黄豆嘴儿除了凉拌，配点儿肉丁、榨菜什么的炒着吃也很好吃，但是在炒之前，最好先用水煮熟。

● 煮黄豆嘴儿时可以加一点儿盐，增加一些底味儿。

葱油豆腐

Cooking Materials

原料	内酯豆腐 1 盒
	香葱 3 根
调料	生抽 1 汤匙
	香醋 1 茶匙
	糖 1/4 茶匙
	食用油 1 汤匙

香葱

内酯豆腐

做法

1 将内酯豆腐从盒中取出放在盘子中，香葱洗干净后切成葱花铺在豆腐上。

2 碗中倒入生抽、香醋、糖调匀后浇在豆腐上。

3 将食用油烧热后直接浇在葱花上，激发出葱香即可。

超级啰唆

● 内酯豆腐很软，取的时候在包装盒底部的一个边角处剪开一个小口，晃动一下，就能完整取出了。

● 根据自己的喜好选择香葱的用量。

花椒油拌萝卜丝

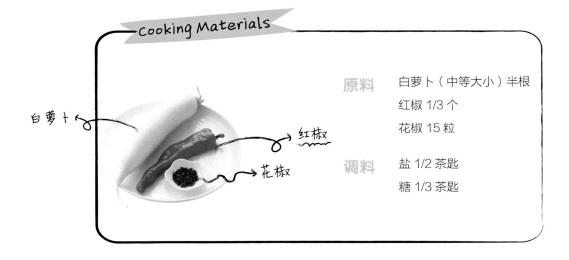

Cooking Materials

白萝卜

红椒

花椒

原料　白萝卜（中等大小）半根
红椒 1/3 个
花椒 15 粒

调料　盐 1/2 茶匙
糖 1/3 茶匙

做法

1　白萝卜去皮，先切片再切丝；红椒去籽，切丝。

2　切好的萝卜丝加盐腌 5 分钟，然后用手反复抓几次，在清水里
洗一遍，挤干水分，放入碗中，加红椒丝、糖拌匀。

3　锅中放入花椒粒，倒入油（大约 10 毫升），烧至花椒粒颜色
变深时将油浇在萝卜丝上，拌匀即可。

超级啰唆

● 白萝卜水分很大，加盐很快就会出水。用手反复抓几下，可以使萝卜丝变脆。

● 挑选白萝卜时选叶柄新鲜，有分量的。

16

茴香拌杏仁

原料　　甜杏仁 50 克
　　　　茴香 1 小把

调料　　盐 1 克
　　　　香油 1 克

甜杏仁

茴香

做法

1　茴香洗净切碎，加盐拌匀。

2　甜杏仁放小锅中煮 5 分钟后捞出沥干。

3　把甜杏仁和茴香混合。

4　加入香油拌匀即可。

超级啰唆

● 超级简单的小凉菜，看似有点"奇葩"的组合，但是味道却很清爽且很好吃，大家试试看哦。

● 甜杏仁在网上就能买到，建议买去皮的，用着方便。吃之前煮熟就行，不建议一次吃太多。

● 这道小凉菜不需要加太多调料，一点点盐和香油提味儿就好。

● 茴香是可以生吃的，只要别一次吃太多就没问题。这道菜里的茴香也只是个点缀，不用放太多哦。

17

茴香莴笋丝

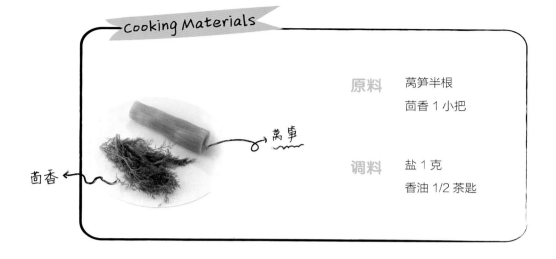

Cooking Materials

| 原料 | 莴笋半根 |
| | 茴香 1 小把 |

莴笋

茴香

| 调料 | 盐 1 克 |
| | 香油 1/2 茶匙 |

做法

1 **2** **3**

1 莴笋去皮切丝；茴香只取叶子部分，洗净沥干切碎。

2 将莴笋丝、茴香碎放到一起。

3 加盐、香油，拌匀就行了。

超级啰唆

● 这道菜真是简单到不行，很适合大鱼大肉吃多了之后吃，特别爽口。

● 不用放太多调料，就一点点盐和香油就好。

● 茴香是可以生吃的，只取一点儿茴香叶子就行。

18

姜丝秋葵

「扫一扫，
跟文怡学做菜」

Cooking Materials

原料 秋葵 15 根
姜 3 片

调料 凉拌酱油 2 茶匙
香醋 1 茶匙
糖 1/3 茶匙
盐 1/4 茶匙

秋葵

姜

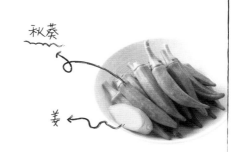

做法

1 秋葵洗净，切掉根部；姜切细丝；将凉拌酱油、香醋、糖放入碗中调匀。

2 烧一锅水，水开后，加入盐、几滴油，放入秋葵，煮 1 分钟捞出，沥干水分，盛盘。将姜丝摆在秋葵上，淋入调料汁即可。

超级啰唆

● 秋葵最好整根煮，这样能很好地保证营养成分不流失。

● 如果家里有葱油、花椒油之类的也可以淋在秋葵上面。

● 这道菜没有烧热油浇汁，所以最好用可直接食用的凉拌酱油。

辣拌豆腐皮

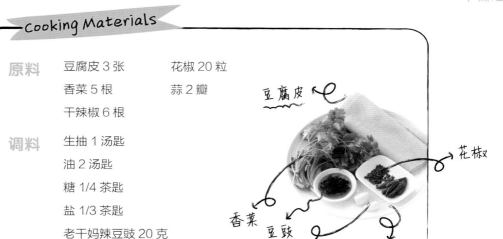

Cooking Materials

原料　豆腐皮 3 张　　花椒 20 粒
　　　　香菜 5 根　　　蒜 2 瓣
　　　　干辣椒 6 根

调料　生抽 1 汤匙
　　　　油 2 汤匙
　　　　糖 1/4 茶匙
　　　　盐 1/3 茶匙
　　　　老干妈辣豆豉 20 克
　　　　香醋 2 茶匙

豆腐皮

花椒

香菜　豆豉

蒜　　干辣椒

做法

1　香菜洗净，切成 2 厘米长的段；蒜切末；3 张豆腐皮重叠卷起，
　切成约 3 毫米宽的丝。将所有调料加蒜末调匀。

2　锅中倒入油，依次放入花椒、干辣椒，炸出香味。

3　将豆腐皮丝放入盘中，撒香菜，淋上炸好的油，加拌好的调料汁
　拌匀即可。

超级唠唤

● 豆腐皮卷起来再切比较方便操作。

● 如果喜欢老干妈辣豆豉里的油，就少放些炸好的花椒、干辣椒油。

凉拌白菜帮

Cooking Materials

干辣椒　白菜帮　花椒

原料	白菜帮 250 克
	干辣椒 4 根
	花椒 10 粒
调料	盐 1/3 茶匙
	糖 1/4 茶匙

做法

1　白菜帮洗净后切条。

2　将白菜帮放入开水锅中焯至微微变软，捞出沥干水分，放入盘中，撒上盐、糖。

3　锅中倒入适量油，加热至油微温时放入花椒粒，中火炒出香气，转小火放入干辣椒，微微变色时关火。将炸好的花椒、辣椒油倒在白菜帮上，拌匀即可。

超级啰唆

● 这道菜可以和口蘑白菜一起做，菜叶和菜帮分开做成两道菜。

● 白菜帮下开水焯一下就没那么粗了，所以不要切得太细。

凉拌土豆片

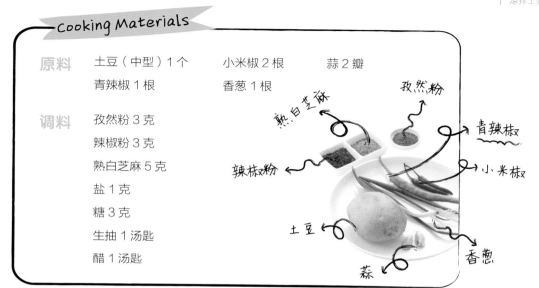

Cooking Materials

原料	土豆（中型）1个	小米椒 2 根	蒜 2 瓣
	青辣椒 1 根	香葱 1 根	

调料　孜然粉 3 克

辣椒粉 3 克

熟白芝麻 5 克

盐 1 克

糖 3 克

生抽 1 汤匙

醋 1 汤匙

做法

1　土豆削皮洗净后，切薄片，放入沸水中煮熟。青辣椒、小米椒分别切成圈；香葱切成葱花；蒜切成末。

2　煮好的土豆片沥干水分，放入碗中，加入除孜然粉和白芝麻外的所有调料及青辣椒圈、小米椒圈、葱花、蒜末，将辣椒粉和香葱摆在最上面。用勺子或锅烧一勺热油，趁热浇到辣椒粉上。

3　加入孜然粉和熟白芝麻，拌匀就可以了。

超级啰唆

● 这道菜我放的调料比较多，所以土豆片的味道属于复合型的，很适合重口味的朋友。

● 如果有不喜欢吃的调料，可以自行调整用量哦。

● 如果不想吃太多油，最后可以不浇热油上去，这样的话就别放辣椒粉了，辣椒粉生吃不太好吃。

● 不能吃太辣的话可以不放小米椒。

● 西葫芦是可以生吃的，尤其是夏天，生着吃特别清爽，你可以试试看。

● 生吃的西葫芦最好选择嫩一点儿的，不用去皮，直接擦丝就可以，别擦太细，否则会影响口感。

● 往麻酱里加醋和生抽时，不要一次都加进去，要一勺一勺地放，每次放完，都顺着一个方向搅匀后再加下一次。

● 蒜末和干辣椒要用烧到微微冒烟的热油浇一下，才能激发出香味。

● 麻酱和西葫芦要等开吃前再拌匀，不然西葫芦会出好多水，不好吃。

● 这个麻酱料汁，除了拌西葫芦，拌其他菜或者拌凉面也都很好吃，建议提前半小时做好，放冰箱里冷藏让各种味道融合一下，那样会更好吃哦。

22

麻酱西葫芦

原料	西葫芦 1 根	蒜 2 瓣
	干辣椒 2 根	

调料	麻酱 2 汤匙	蜂蜜 1/2 茶匙
	生抽 2/3 汤匙	香油 1/2 茶匙
	醋 1 汤匙	芥末油几滴
	糖 1 茶匙	

做法

1　西葫芦洗净，切掉头尾，用擦子擦成细丝；蒜切末；干辣椒剪成小段。

2　麻酱中分次加入醋、生抽，澥开后加入糖、蜂蜜、香油和芥末油搅匀。

3　把蒜末和干辣椒段放到西葫芦丝上，浇上烧热的油，吃之前加调好的麻酱拌匀就可以了。

23

炝拌紫甘蓝

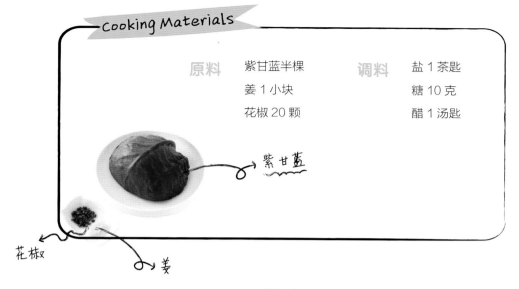

Cooking Materials

原料　紫甘蓝半棵　　　调料　盐 1 茶匙
　　　姜 1 小块　　　　　　　糖 10 克
　　　花椒 20 颗　　　　　　醋 1 汤匙

紫甘蓝

花椒　　　姜

做法

1　紫甘蓝洗净，切成细丝；姜切碎末。

2　锅内倒油，放入花椒和姜末，小火加热到花椒变色，有香味飘出时，把花椒捞出不要。

3　关火，把紫甘蓝丝倒入锅中，加入盐、糖和醋，趁热拌匀就可以了。

超级啰唆

● 紫甘蓝常出现在沙拉或大拌菜的配菜里，直接凉拌的不多，因为不容易入味，像这样用炝拌的方法，趁热拌入调味料，效果会比较好。

● 紫甘蓝尽量切得细一些，丝越细拌出来越好吃。

● 切丝时要想切细，最好把菜叶剥开切，整个切虽然省事，但丝的粗细就不能保证了。

● 糖和醋的比例可以自行调整，姜末不建议省略，煸香的姜末拌凉菜特别提味儿。

爽口凉拌圆白菜

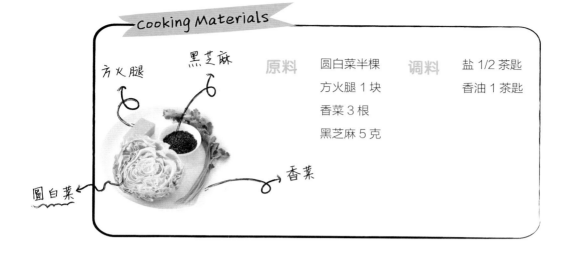

Cooking Materials

方火腿   黑芝麻

圆白菜

香菜

原料　圆白菜半棵　调料　盐 1/2 茶匙
　　　方火腿 1 块　　　　香油 1 茶匙
　　　香菜 3 根
　　　黑芝麻 5 克

做法

1　圆白菜洗净后切细丝；方火腿切丝；香菜洗净，只留香菜梗，切段。

2　将圆白菜、方火腿、香菜一起放入碗中，加入盐。

3　再加香油和黑芝麻拌匀即可。

超级啰唆

● 凉拌用的圆白菜，最好选叶片比较松散、不那么瓷实的，这样的圆白菜口感清脆。叶片紧实的那种，适合炒着吃。不会挑的话，可以问问卖菜的人。

● 这道菜不需要太多的调料，一点儿盐和香油就可以，吃起来口感很清爽。

● 黑芝麻直接买炒熟的更方便。

超级啰唆

- 杏鲍菇水煮后再用手撕成条，吃起来口感很特别，推荐大伙试试。
- 直接用蒸鱼豉油做凉拌菜，是很适合厨房新手的一种做法，不用怕调味失败，再加上鲜辣椒的清香和青花椒的麻香，用这个调味方法拌其他的凉菜也好吃。
- 蒸鱼豉油加凉开水调匀是为了让料汁吃起来不会太咸，如果你口味比较重，不放凉开水也可以。
- 不能吃辣的人群可以不放小米椒，只放椒椒。
- 喜欢吃辣味的可以把小米椒切碎一块儿拌在里面泡一会儿再吃。
- 青花椒也叫麻椒，比普通的花椒口感更麻，没有的话换成普通花椒也可以，但是味道会有区别。

KUAI SHOU CHU FANG

25

鲜椒杏鲍菇

Cooking Materials

杏鲍菇

小米椒

青花椒

杭椒

原料　杏鲍菇 2 根

杭椒 1 根

小米椒 2 根

青花椒 20 粒

调料　蒸鱼豉油 2 汤匙

凉开水 1 茶匙

做法

 **1**

 **2**

 **3**

1　杏鲍菇洗净后放入开水锅中煮熟（用一根筷子扎一下，能轻松扎透就说明煮好了）；杭椒、小米椒洗净，切小圈。蒸鱼豉油加凉开水调匀。

2　待煮好的杏鲍菇晾到不烫手时，撕成约 0.5 厘米宽的细条，然后摆上杭椒圈、小米椒圈，淋上蒸鱼豉油。

3　炒锅中放一点点油，加热至油微热时放入青花椒粒，小火加热到有香气飘出，油微微冒烟时，倒在准备好的杏鲍菇上，拌匀就可以了。

伪"铁板"土豆片

豉汁豆干

黄油黑椒杏鲍菇

······

Part 3

可以带便当的菜

KE YI DAI BIAN DANG DE CAI

超级啰嗦

● 这个土豆片的原型是楼下小吃摊的铁板土豆片，一份10块钱，基本上几口就没了，其实做法特简单，很适合当零食哦。

● 家里的锅一般都烧不到铁板的热度，所以为了节省时间，我们要尽量把土豆片切薄，让它更容易熟，也可以提前用微波炉加热一下，这样能大大节省炒的时间。

KUAI SHOU CHU FANG

26
伪"铁板"土豆片

扫一扫，
跟文怡学做菜

Cooking Materials

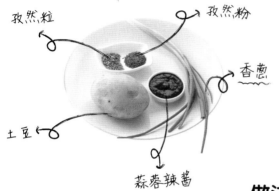

孜然粒

孜然粉

香葱

土豆

蒜蓉辣酱

原料	土豆 1 个
	香葱 1 根

调料	孜然粒 3 克
	孜然粉 3 克
	蒜蓉辣酱 10 克

做法

1　土豆削皮后切薄片，将切好的土豆片放入清水中浸泡；香葱切碎。

2　倒掉泡土豆的水，用流水冲洗土豆，去掉多余的淀粉。然后把土豆片铺在能微波加热的平盘中，放入微波炉，高火加热 3 分钟。

3　锅内倒入比平时炒菜稍多一点的油，加热至油温八成热时倒入土豆片，先放孜然粒，翻炒约 30 秒后放入孜然粉。

4　继续中火翻炒至土豆边缘微焦，放入蒜蓉辣酱，快速炒匀关火，加入葱花就可以了。

27

豉汁豆干

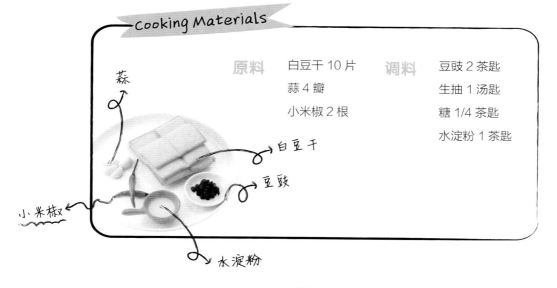

Cooking Materials

原料　白豆干 10 片　　调料　豆豉 2 茶匙
　　　蒜 4 瓣　　　　　　　生抽 1 汤匙
　　　小米椒 2 根　　　　　糖 1/4 茶匙
　　　　　　　　　　　　　水淀粉 1 茶匙

蒜

白豆干

豆豉

小米椒

水淀粉

做法

1　白豆干切粗条，蒜切末，小米椒切圈，豆豉用刀粗切几下。锅中
　　倒入适量油，油温热时，中小火放入豆豉、蒜末，炒香。

2　放入豆干条、小米椒圈，倒入 2 汤匙水，转大火，加入糖、生抽，
　　炒 2 分钟左右。

3　转大火，淋水淀粉，炒匀即可。

超级唠嗑

● 豆干选用不带咸味的就可以。

● 豆豉选用风味豆豉，是湿的，不用泡。若选用干豆豉的话，需提前用水泡一下。

超级啰唆

- 烤制的杏鲍菇有点肉的味道，如果没有烤箱，可以用不粘锅煎熟.
- 这样烤的杏鲍菇有点西式口味，你也可以用蒜蓉辣酱腌杏鲍菇，就是中式下饭菜的风格了.
- 我喜欢吃有点微焦口感的杏鲍菇，所以片切得薄，你可以根据自己的口味调整杏鲍菇片的薄厚和烤制时间.

KUAI SHOU CHU FANG

28

黄油黑椒杏鲍菇

Cooking Materials

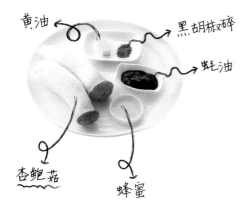

黄油　　　　　　　黑胡椒碎

蚝油

杏鲍菇

蜂蜜

原料	杏鲍菇 2 根
调料	蚝油 1 汤匙
	黄油 10 克
	蜂蜜 1 茶匙
	黑胡椒碎 1/2 茶匙

做法

1　蚝油加蜂蜜、黑胡椒碎一起调匀；杏鲍菇切成 2 毫米厚的片。

2　把调好的蚝油和杏鲍菇片混合，搅匀，腌制 10 分钟。

3　烤盘上铺锡纸（亚光面朝上），薄薄地抹上一层黄油，均匀地铺上杏鲍菇片。

4　将烤盘放入烤箱，用上下火 200℃，烤 8~10 分钟即可。

超级啰唆

花椒很提香味，最好不要省略。

29

酱烧香菇豆干

原料　白豆干 3 片
　　　香菇 4 朵
　　　香葱 1 根
　　　姜 2 片
　　　花椒 10 粒
　　　青红椒各 1/3 个

调料　豆瓣酱 2 茶匙

做法

1　白豆干切小丁；香菇洗净去蒂后也切小丁；香葱切成葱花；姜切末；青红椒去籽，切小丁。锅中倒入油，温热时放入姜末、花椒粒爆香。

2　放入豆干丁、香菇丁，大火炒至香菇丁变软、炒出的香菇水分蒸发后，转小火，倒入豆瓣酱，炒匀。

3　加入一点水，转中火。

4　放入青红椒丁，炒至豆瓣酱均匀地裹在豆干香菇上，撒葱花即可。

香辣鸡丝

原料　鸡胸肉 500 克　调料　生抽 1 汤匙
　　　　香菜 80 克　　　　　　盐 1/2 茶匙
　　　　干辣椒 7 根　　　　　　糖 1/2 茶匙
　　　　花椒 15 粒　　　　　　老抽 1 茶匙
　　　　　　　　　　　　　　　辣椒粉 1 茶匙
　　　　　　　　　　　　　　　香醋 1 茶匙

花椒
香菜
鸡胸肉
干辣椒
辣椒粉

做法

1　鸡胸肉洗净，放入凉水锅中大火煮约 15 分钟，煮熟后捞出，撕成粗丝备用；香菜洗净，切成 2 厘米长的段。

2　锅中放入适量底油，加热至油微热时放入花椒、干辣椒，中小火煸香后，倒入鸡丝。

3　加入所有调料，炒匀，最后撒上香菜。

超级啰唆

● 根据鸡胸肉的大小调整煮制时间，用筷子插入鸡胸肉中拨开，看到肉变白就熟了。

● 干辣椒容易糊，要先放花椒，再放干辣椒。

咖喱虾仁

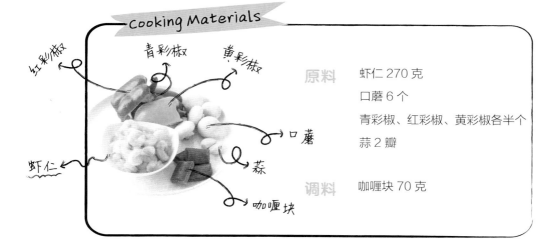

Cooking Materials

红彩椒　青彩椒　黄彩椒

口蘑

蒜

虾仁

咖喱块

原料　　虾仁 270 克

口蘑 6 个

青彩椒、红彩椒、黄彩椒各半个

蒜 2 瓣

调料　　咖喱块 70 克

做法

1　虾仁清洗干净；口蘑洗净，每个对切成 4 块；3 种彩椒去籽，切一口大小的块；蒜切片。锅中倒入适量油，加热至油温热时放入蒜片，中火炒香后放入口蘑，炒至口蘑出汤，继续炒至水分变少。

2　放入虾仁，加入可以没过食材的水，加入咖喱块，中火煮至虾仁变红，咖喱汁变浓稠但还有汤汁的状态。

3　放入彩椒块，炒匀出锅。

超级啰唆

● 家里有黄油的话，可以用黄油代替普通食用油，这样会有奶香味。

● 咖喱选用超市里卖的那种方便块装的或袋装的可以直接使用的咖喱酱，都很方便。

● 喜欢用咖喱汁拌饭的话，就多留些汤汁。

32

姜烧肉

「扫一扫，
跟文怡学做菜」

原料　猪里脊 1 块（300~350 克）
　　　姜 6 片

调料　生抽 1 汤匙
　　　糖 1/2 茶匙
　　　水 1 茶匙
　　　干淀粉 1 小碗

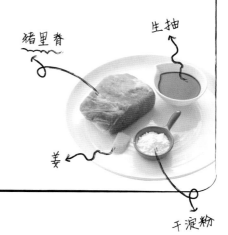

猪里脊

生抽

姜

干淀粉

做法

1　猪里脊洗净，擦干表面水分，切成 4 毫米厚的片；姜切细末。切好的猪里脊用厨房纸擦干，两面都抹上薄薄一层干淀粉。

2　平底锅中倒入油，加热至油 6 成热时，一片一片地放入猪里脊，中火煎至两面金黄。

3　将姜末、生抽、水、糖调匀后倒在猪里脊上，中小火焖 1 分钟左右，收干汤汁即可。

超级啰唆

● 切猪里脊之前，先放入冰箱冷冻 2 小时左右，会比较好切。

● 姜末要尽量切细，颗粒太大会影响口感。

● 酱汁可以根据肉的多少和自己的口味进行调整。

● 煎肉时不要因为着急就开大火，一定要煎到两面金黄才好吃哦！

肉末豆腐

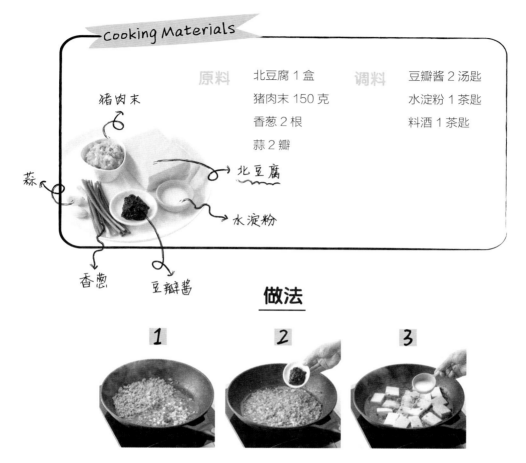

原料　北豆腐 1 盒
　　　猪肉末 150 克
　　　香葱 2 根
　　　蒜 2 瓣

调料　豆瓣酱 2 汤匙
　　　水淀粉 1 茶匙
　　　料酒 1 茶匙

猪肉末

蒜

香葱　豆瓣酱

北豆腐

水淀粉

做法

1　北豆腐切成 1.5 厘米厚、3 厘米长的块；香葱切葱花；蒜切末。锅中倒入稍微多一点的油，加热至油温热时加入肉末，加入料酒，大火炒至肉末发白变熟，把肉末拨到一边，在另一边加入葱花、蒜末爆香。

2　加入豆瓣酱，小火炒香。

3　放入豆腐，加入没过豆腐的水，大火煮开后转中火煮至汤汁剩余 1/3，淋入水淀粉，撒剩余葱花即可。

超级啰唆

● 北豆腐不易碎，更适合做这道菜。

● 炒熟肉末后，如果不嫌麻烦，可以先把肉末盛出，再爆香葱花、蒜末和豆瓣酱，我展示的是比较快手的做法，适合做饭时间紧张的时候。

● 豆瓣酱是不辣、酱味浓郁的那种。炒酱时要保持小火，否则容易煳。

● 烧豆腐时可以适当多加点水，做好后的汤汁可以拌面、拌米饭。

34

肉末藕丁

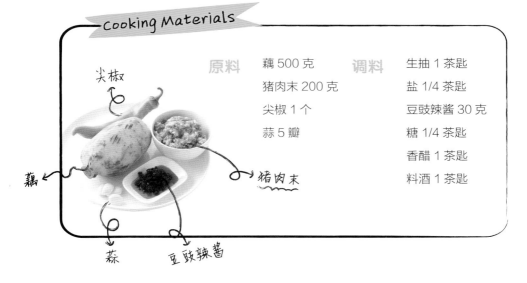

Cooking Materials

尖椒	**原料** 藕 500 克	**调料**	生抽 1 茶匙
	猪肉末 200 克		盐 1/4 茶匙
	尖椒 1 个		豆豉辣酱 30 克
	蒜 5 瓣		糖 1/4 茶匙
藕	猪肉末		香醋 1 茶匙
			料酒 1 茶匙

蒜　　豆豉辣酱

做法

1　藕去皮，纵向剖开后竖着切成 1.5 厘米粗的条，再切成小丁；蒜切末；尖椒去籽，切成 1.5 厘米大小的丁。锅中倒入稍微多一点的油，加热至油温热时加入肉末，加入料酒，大火炒至肉末发白变熟。

2　把炒好的肉末拨到一边，留出锅的中心位置。放入蒜末，中小火炒香后放入藕丁，继续炒 2 分钟。

3　加入所有调料，混合炒 1 分钟，加入尖椒丁，炒匀即可。

超级啰唆

● 藕丁切好后最好先浸泡在水中以免氧化，用的时候沥干水分。

● 肉末最好单独炒熟，盛出来后再炒藕丁。

● 如果嫌麻烦不想单独盛出肉末，想要一锅都炒出来，记得把炒好的肉末拨到一边，藕丁炒熟后再混合炒哦。

芽菜肉末

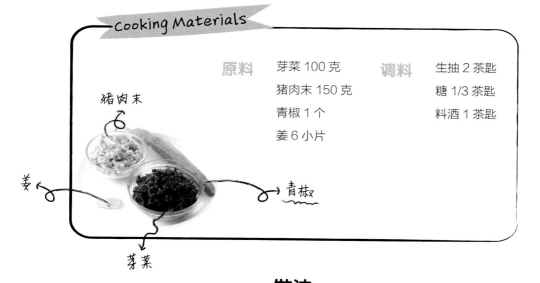

猪肉末

原料		调料	
芽菜 100 克		生抽 2 茶匙	
猪肉末 150 克		糖 1/3 茶匙	
青椒 1 个		料酒 1 茶匙	
姜 6 小片			

姜

青椒

芽菜

做法

1

2

3

1　青椒洗净去籽，切成 1.5 厘米大小的丁；姜切末。锅中倒入稍微多一点的油，加热至油温热时加入肉末，加入料酒，大火炒至肉末发白变熟，拨到锅的边缘。

2　用剩余的油炒香姜末，倒入芽菜，中火炒 2 分钟，加入生抽、糖，炒匀。

3　放入青椒丁，炒匀即可。

> **超级啰唆**

● 芽菜比较咸，不用放盐了，加入少许生抽增色即可。

● 这道下饭的咸菜炒好后，可以晾凉放入冰箱，拌面、拌饭都可以。

● 如果喜欢吃辣，放一两根切圈的小米椒，味道也很好。

- 年糕改刀切成小条，既好熟也容易入味，如果你觉得麻烦，不切也行，但是味道没有切了的好。

- 香菇最好用干的，这个配菜组合你也可以用来炒米饭或炒面。当然，也可以根据自己的喜好更换配菜的品种。

- 放入年糕后很容易粘锅，所以一开始要铺在配菜上面，焖1~2分钟后再搅匀。这时候炒几下就可以出锅了。

年糕不要炒太长时间，太软了就不好吃了。

我用的是片状的软的年糕，如果你买的是很硬的干年糕，需要提前用水浸泡哦！

腊肉比较咸，所以生抽的量不要太多，糖放一点点，提味就行了。

KUAI SHOU CHU FANG

36

腊肉炒年糕

Cooking Materials

腊肉

胡萝卜

年糕片

香芹

干香菇

原料	年糕片 200 克	香芹 1 小把
	腊肉 1 小块	干香菇 8 朵
	胡萝卜半根	葱 1 小段

调料	生抽 1 茶匙
	糖 1/2 茶匙

做法

1　香芹切段；胡萝卜去皮切丝；年糕和腊肉分别切成 0.5 厘米宽的条；葱切末；香菇洗净泡软后切丝，泡香菇的水留用。

2　锅内放油，加热至油热后爆香葱花，放入腊肉煸炒到肥肉部分颜色变透明。

3　放入香菇丝、胡萝卜丝和香芹，煸炒 30 秒后加入一小碟泡香菇的水。

4　放入年糕条，盖盖，中火焖 2 分钟。打开锅盖，加入生抽、糖，炒匀即可出锅。

酸菜培根炒饭

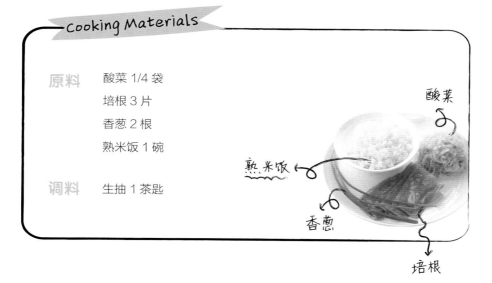

Cooking Materials

原料　　酸菜 1/4 袋
　　　　培根 3 片
　　　　香葱 2 根
　　　　熟米饭 1 碗

调料　　生抽 1 茶匙

酸菜

熟米饭

香葱

培根

做法

1　**2**　**3**

1　酸菜放入清水中清洗一遍，捞出，挤干水分；培根切小片；香葱切成葱花。锅中倒入底油，加热至油温热时放入培根片，中小火煎至微微变焦。加葱花炒香。

2　放入酸菜，中火炒 1 分钟左右。

3　放入米饭，炒至米饭粒松散、干爽，倒入生抽，炒匀即可。

超级啰唆

● 直接买袋装已切好的酸菜，炒之前用清水洗一遍就可以了，很方便。

● 酸菜比较吃油，最好稍微多放一点油炒，这样才香。

● 做炒米饭时最好用不粘锅炒哦。

酱炒蛋

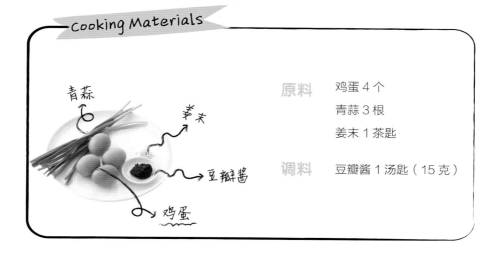

Cooking Materials

青蒜

姜末

豆瓣酱

鸡蛋

原料　　鸡蛋 4 个
　　　　青蒜 3 根
　　　　姜末 1 茶匙

调料　　豆瓣酱 1 汤匙（15 克）

做法

1　　**2**　　**3**

1　鸡蛋打散；青蒜洗净，斜切成5厘米长的段。锅中倒入稍微多一点的油，大火加热至油热，倒入蛋液，炒熟盛出。

2　用锅中剩余的油，小火炒香姜末，放入豆瓣酱，慢慢炒出香味，把炒好的鸡蛋重新倒回锅中。

3　放青蒜段炒匀即可。

超级唠唠

● 炒鸡蛋时油要多一点，热锅热油，这样炒出的鸡蛋才香。

● 豆瓣酱不是辣味的，是酱香味重的那种。酱需要小火炒，不然容易糊掉。

蒜蓉皮蛋豆腐泡

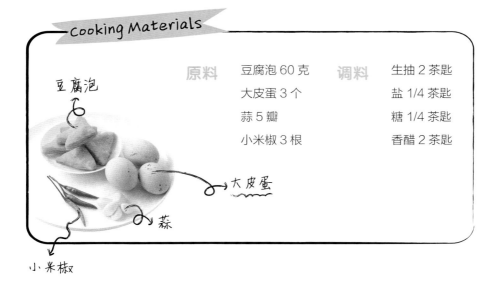

Cooking Materials

豆腐泡

大皮蛋

蒜

小米椒

原料
豆腐泡 60 克
大皮蛋 3 个
蒜 5 瓣
小米椒 3 根

调料
生抽 2 茶匙
盐 1/4 茶匙
糖 1/4 茶匙
香醋 2 茶匙

做法

1 **2** **3**

1　豆腐泡切成小丁；皮蛋去壳，切四瓣后，每小瓣再切一刀；蒜切末；小米椒
　　切小圈。锅中倒入油，加热至油温热时放入蒜末、小米椒圈，中小火炒香。

2　放入豆腐泡，继续炒1分钟。

3　放入皮蛋，倒入所有调料，炒匀即可。

超级啰唆

● 豆腐泡是一种油炸的豆制品，正方形和三角形的都可以，在菜市场和超市都能买到。

● 切皮蛋的时候如果怕粘刀，可以在刀上抹一层香油再切。

● 蒜的量要大一些，炒出蒜香后再放其他食材。

● 如果不能吃辣，可以把小米椒换成美人椒，或者不放也可以。

超级啰唆

- 加了杂粮的饭有时候不够软糯，正好利用这个特点做成炒饭，粒粒分明，比直接用大米饭省事儿还健康。
- 燕麦饭的做法：燕麦提前浸泡3小时，和大米以1:1的比例混合，按正常蒸米饭的方法蒸熟即可。燕麦不易熟，提前浸泡这步不能省略。
- 孜然粉和孜然粒都放会产生一种混合的口感，比只放一种更好吃。
- 如果不喜欢吃羊肉，用鸡肉炒这个饭也不错。

KUAI SHOU CHU FANG

40

孜然燕麦炒饭

Cooking Materials

孜然粉

燕麦饭

孜然粒

洋葱

羊里脊肉

胡萝卜

原料　羊里脊肉 100 克
　　　　胡萝卜半根
　　　　洋葱半个
　　　　燕麦饭 1 碗

调料　盐 1/2 茶匙
　　　　孜然粉 1/2 茶匙
　　　　孜然粒 1/2 茶匙

腌肉料　生抽 1/2 汤匙
　　　　　料酒 1/2 汤匙
　　　　　干淀粉 1 茶匙

做法

1　羊肉切小丁，加生抽、料酒、干淀粉拌匀，腌制 10 分钟；胡萝卜、洋葱分别切小丁备用。

2　锅内倒油，加热至油温热后倒入腌好的羊肉丁，翻炒到羊肉变色后盛出。

3　如果锅里剩余的油不够，可以补一些底油，加热至油热后倒入洋葱炒香。再倒入胡萝卜，翻炒 1 分钟。倒入孜然粒，继续翻炒 20 秒。

4　倒入燕麦饭，用铲子炒散，炒到米饭颗粒分明。倒入炒好的羊肉丁炒匀，加入孜然粉、盐，再次炒匀即可出锅。

干煎鸡翅

炝炒黄蚬子

蒜煮醋鱼

......

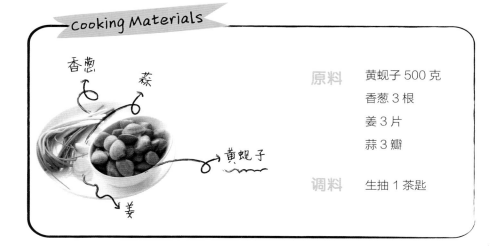

Cooking Materials

香葱

蒜

黄蚬子

姜

原料	黄蚬子 500 克
	香葱 3 根
	姜 3 片
	蒜 3 瓣
调料	生抽 1 茶匙

做法

1 2 3

1　黄蚬子放在清水中泡一泡，多清洗几遍；香葱切段；蒜切末。锅
　　中倒入适量的油，大火将油烧热后，放入姜片、葱段、蒜末炒香。

2　放入黄蚬子，大火炒至所有的壳都张开。

3　最后加入生抽即可。

超级啰唆

● 现在市场里卖的黄蚬子一般都已经吐好沙了，不放心的话，可以自己再浸泡吐沙。

● 黄蚬子肉厚，本身也有味道，只需要淋一点生抽提鲜就可以了。

43

蒜煮醋鱼

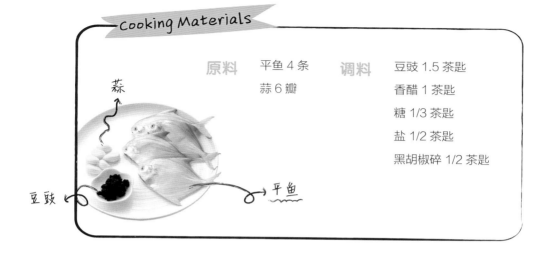

Cooking Materials

原料 平鱼 4 条
蒜 6 瓣

蒜

豆豉

平鱼

调料 豆豉 1.5 茶匙
香醋 1 茶匙
糖 1/3 茶匙
盐 1/2 茶匙
黑胡椒碎 1/2 茶匙

做法

1 顺着鱼嘴剪一个小口，取出内脏，冲洗干净；豆豉切碎；鱼撒盐腌3分钟。锅中倒入油，加热至油温热时放入整瓣的蒜瓣，中小火炒至整体颜色变焦黄。

2 放入豆豉炒香。

3 把鱼平铺在锅底，倒入食材1/2的水量，加糖、香醋、黑胡椒碎，大火煮开后，转中小火煮7分钟剩少许汤汁即可。

超级啰唆

● 平鱼可以让店家帮忙收拾干净，回来冲洗一下就能用，很节省时间。

● 豆豉有咸味，不需要放太多的盐，大家根据个人口味适量增减。

● 平鱼大小不同，这个是煮小平鱼的时间，大鱼要适当增加时间。

● 如果喜欢吃带点儿辣味的鱼，可以在炖煮的时候加 2 个小干辣椒。

● 这道鱼用了煎香的蒜瓣来去腥增香，和传统加葱、姜、料酒的味道不太一样，大家可以试试看。

44

肥牛金针菇

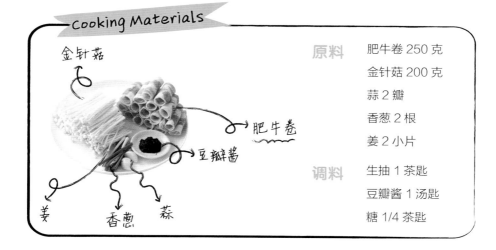

Cooking Materials

金针菇

肥牛卷

豆瓣酱

姜　香葱　蒜

原料	肥牛卷 250 克
	金针菇 200 克
	蒜 2 瓣
	香葱 2 根
	姜 2 小片
调料	生抽 1 茶匙
	豆瓣酱 1 汤匙
	糖 1/4 茶匙

做法

1 **2** **3**

1　金针菇切掉根部，洗净；姜、蒜分别切末；葱切成葱花。煮一锅水，水开后先放入金针菇煮2分钟左右捞出。待水再次煮开后，放入肥牛卷，一变色就马上捞出，沥干水分。

2　锅中倒入适量油，加热至油温热时，倒入姜末、葱花、蒜末，小火炒香后，倒入豆瓣酱，炒香。

3　放入焯好的肥牛、金针菇，加入生抽、糖，快速炒匀，盛出。

超级啰唆

● 先焯熟金针菇再焯肥牛。肥牛很容易老，焯的时候尽量用筷子勤拨动，见到有变色的马上夹出，不要等所有的肉都熟后再一起捞出。

● 牛肉最后放回锅中时，要快速加入调料，炒匀就马上盛出。

● 豆瓣酱是不辣的那种。

培根菜心

Cooking Materials

菜心

培根

蒜

原料　菜心 2 小把
　　　培根 4 片
　　　蒜 2 瓣

调料　盐 1/4 茶匙
　　　糖 1/4 茶匙
　　　香醋 1/4 茶匙

做法

1　菜心洗净，将菜叶和茎分开，茎部斜切薄片；培根切小片；蒜切薄片。

2　锅中倒少许油，放入培根，中火煎至微焦。

3　放入蒜片炒香。

4　转大火，放入菜心的茎，炒至微微变软时放入菜叶，放入盐、糖、香醋，炒至菜叶变塌即可。

＞　超级啰唆　＜

● 菜心的茎部整根炒的话很难和菜叶一起熟，而将茎切片后，既容易熟又方便入口。

● 培根要煎得微焦后再放入菜心，这样味道更好。

超级快手的下饭菜，直接买肉末，切肉都省了，还能满足某些人没肉味儿吃不下饭的要求。

● 郫县豆瓣酱和豆豉辣酱都有咸味，就不用放盐了。

● 切豆干时最好斜刀片，这样炒的时候容易入味。

● 青蒜和尖椒放进去之后，不需要炒太久，皮了就不好吃了。

KUAI SHOU CHU FANG

46

肉末辣炒豆干

Cooking Materials

豆豉辣酱

郫县豆瓣酱

肉末

青蒜

豆干

尖椒

原料		调料	
豆干 3~5 块		料酒 1 汤匙	
青蒜 2 根		生抽 1 茶匙	
尖椒 1 个		郫县豆瓣酱 1 汤匙	
肉末 50 克		豆豉辣酱 1 汤匙	

做法

1 肉末中加料酒和生抽拌匀，腌制 5 分钟。

2 豆干斜刀片成片；青蒜杆的部分用刀拍一下，切成段；尖椒洗净切块。

3 锅烧热后倒入油，加热至油七成热时放入郫县豆瓣酱，小火炒出红油后，倒入肉末炒散。

4 放入豆干，炒 30 秒后放豆豉辣酱、青蒜和尖椒，继续翻炒 30 秒即可。

雪菜肉末粉丝

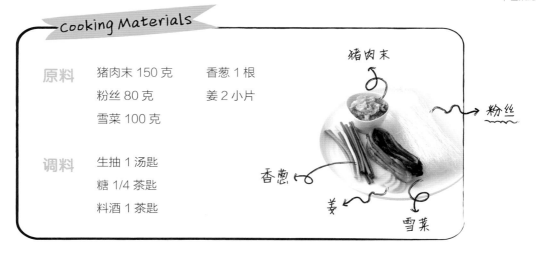

Cooking Materials

原料	猪肉末 150 克	香葱 1 根
	粉丝 80 克	姜 2 小片
	雪菜 100 克	
调料	生抽 1 汤匙	
	糖 1/4 茶匙	
	料酒 1 茶匙	

猪肉末

粉丝

香葱

姜

雪菜

做法

1

2

3

1 雪菜在流水下冲洗3遍，攥干水分，切碎；粉丝放入温水中泡软；香葱切葱花；姜切末。锅中
倒入稍微多一点的油，加热至油温热时放入肉末，加入料酒，大火炒至肉末发白变熟，盛出。

2 利用锅中剩余的油炒香姜末、葱花，接着放入雪菜，中火炒至雪菜成熟。

3 放入泡软的粉丝，倒入生抽、糖、炒好的肉末，翻炒均匀即可。

超级啰唆

● 雪菜比较咸，记得多冲洗几遍去掉多余盐分。

● 粉丝如果比较长的话，泡软后剪成适当的长短，这样吃着更方便。

● 如果喜欢吃辣的，放2个小米椒一起炒，味道也很好。

极简葱油面

Cooking Materials

原料	细面条 200 克
	香葱 2 根
调料	生抽 1 汤匙
	老抽 1/2 茶匙
	糖 1/3 茶匙

香葱

细面条

做法

1　香葱洗净，切葱花。煮一锅水，水开后下面条，煮到九成熟（挑一根面条掐断，里面有一点白心即可）后捞出，放入清水中冲掉多余的淀粉，沥干水分。

2　将葱花铺在面上，倒上所有调料。

3　烧热油（大约15毫升），倒在葱花上面，拌匀即可。

超级啰唆

● 面条要选择细面，不要煮得过熟，否则会影响口感哦。

● 煮好的面条要过水，然后一定要沥干水分。

● 我们做的是极简版，没有熬葱油，所以油要烧得滚热，才能把葱香激发出来。

49

鲜味年糕汤

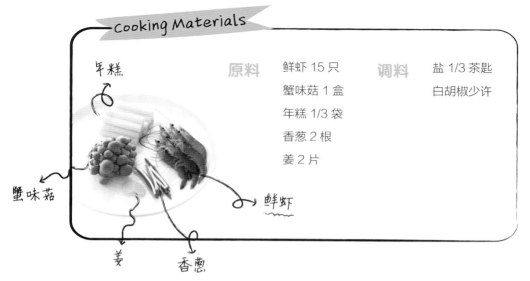

Cooking Materials

年糕

蟹味菇

鲜虾

姜

香葱

原料

鲜虾 15 只

蟹味菇 1 盒

年糕 1/3 袋

香葱 2 根

姜 2 片

调料

盐 1/3 茶匙

白胡椒少许

做法

1   虾洗净，剪掉虾枪、虾须；蟹味菇切掉根部，洗净，控干水分；香葱切小段。锅中倒入底油，加热至油温热时放入葱段、姜片，炒出香味后放入虾炒至虾变红色，油也变红。

2   放入蟹味菇，当蟹味菇变软后倒入足量的水，大火烧开。

3   放入年糕条，加盐、白胡椒粉，中火煮2分钟即可。

超级啰唆

● 虾要带虾头一起炒，这样能快速炒出红油，味道也很鲜。

● 年糕容易熟，不需要煮很久哦，换成片状的年糕也是可以的。

● 这个汤味道很鲜，只要一点儿盐和白胡椒就可以了，不要放太多调料哦。

111

50

芽菜炒蛋

Cooking Materials

芽菜

香葱

小米椒

鸡蛋

原料	调料
鸡蛋 4 个	盐 1/3 茶匙
芽菜 50 克	糖 1/4 茶匙
香葱 1 根	
小米椒 2 根	

做法

1 **2** **3**

1　鸡蛋打散；香葱、小米椒洗净后分别切成葱花和辣椒圈。锅中倒入
　　稍微多一点的油，大火加热至油七成热，倒入蛋液，炒熟盛出。

2　用炒鸡蛋后剩余的一点油，中火爆香葱花、辣椒圈，放入芽菜，
　　炒至芽菜成熟。

3　接着放入鸡蛋，加盐、糖，炒匀即可。

超级啰唆

● 宜宾芽菜在超市就有卖的，是一种腌制的小菜。

● 炒鸡蛋时油要多一点，热锅热油，这样炒出的鸡蛋才香。

● 不能吃辣的话，也可以不放小米椒。

果仁荷兰豆

原料　荷兰豆 250 克

　　　熟果仁（核桃、松子、

　　　巴旦木）50 克

　　　蒜 2 瓣

调料　盐 1/2 茶匙

荷兰豆

熟果仁

蒜

做法

1　荷兰豆去掉两侧的筋，切成3厘米长的菱形块；蒜切末备用。

2　锅中倒入油，加热至油七成热时放入蒜末，煸炒出香味后，放入
荷兰豆煸炒3分钟。

3　加入盐、熟果仁，炒匀即可出锅。

超级啰唆

● 果仁可以随意更换，最好用熟果仁，这样方便也容易出香味。

● 荷兰豆在炒之前可以提前焯烫30秒，这样能缩短炒的时间，还能保证爽脆的口感。

胡萝卜炒山药

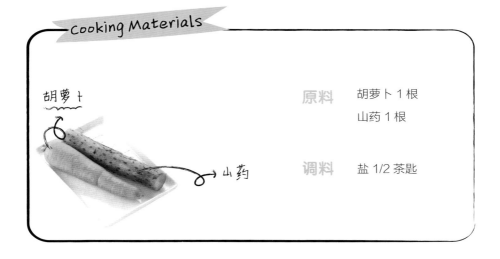

Cooking Materials

胡萝卜

山药

原料　　胡萝卜 1 根
　　　　山药 1 根

调料　　盐 1/2 茶匙

做法

1　胡萝卜、山药分别削皮，切成1毫米厚的薄片。山药片切好后，浸泡到清水中。

2　锅中倒油，加热至油热后放入胡萝卜片，煸炒1分钟。

3　放入沥干水分的山药片，继续翻炒1分钟后放入盐，炒匀即可出锅。

超级啰唆

● 这道菜很清淡，吃起来还有些淡淡的甜味，除了盐，不建议加过多的调料哦。

● 削山药皮时，记得带上手套，免得手上粘到山药的黏液而过敏。

● 炒着吃的山药最好选择那种粗壮点儿、胖胖的水山药，口感清脆。
　细长的铁棍山药口感面，适合蒸着吃或者煲汤。

53

花椒油炒秋葵

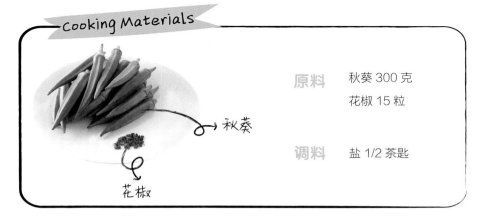

原料　　秋葵 300 克

　　　　花椒 15 粒

调料　　盐 1/2 茶匙

做法

1　秋葵洗净后斜切成段。

2　锅内倒油，加热至油热后放花椒，中小火炒出香味后捞出花椒。

3　放入秋葵翻炒 1 分钟。

4　加盐，继续翻炒 30 秒即可。

超级啰唆

● 这个秋葵的做法超简单，加点儿花椒的麻香和一点点盐就够了。

● 秋葵最好挑颜色鲜亮，外形饱满挺拔，表面有一层细细的茸毛，没有伤痕和黑斑的。

● 秋葵越小越嫩，不要买太大的，一般 5~10 厘米长最好。新鲜的秋葵捏起来有韧性但不硬，太硬说明秋葵已经老了。

● 秋葵买回来可以放在冰箱的冷藏室，天冷的时候，也可以直接放在阴凉处。注意别磕碰，别有外伤，否则很容易烂。

● 秋葵里的黏液营养价值很高，最好不要用焯水之类的方法把它去掉。

● 想要花椒的麻味儿，就要在油热之后放花椒，或者换成青花椒也可以。煸好的花椒最好捞出来，不然会钻到秋葵的眼儿里的。

● 如果你家里有那种瓶装的花椒油，就可以不放花椒煸炒，出锅前淋点儿花椒油也可以。

54

麻辣平菇

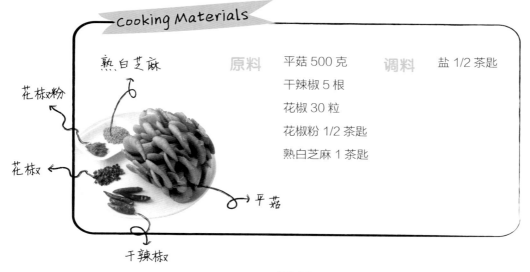

Cooking Materials

熟白芝麻

花椒粉

花椒

平菇

干辣椒

原料 平菇 500 克
干辣椒 5 根
花椒 30 粒
花椒粉 1/2 茶匙
熟白芝麻 1 茶匙

调料 盐 1/2 茶匙

做法

1   平菇掰开洗净，放入沸水中焯烫30秒后捞出，过一下凉水。捞出平菇，挤掉水分后，撕成小指粗细的条。

2   锅内倒油，加热至油温热后放入花椒和剪成段的干辣椒。炒出香味后，放入撕好的平菇，中火翻炒至将平菇的水汽炒干。

3   炒到平菇边缘有些微焦，撒上盐、花椒粉和熟白芝麻，关火搅匀即可。

超级啰唆

● 这道麻辣平菇，吃起来很有嚼头，当零食也很不错。
　如果喜欢烧烤味，还可以加点儿孜然粉，有烤肉的感觉哦。

● 如果喜欢吃口感干一些的，可以把平菇撕得细一点儿。

● 平菇一定要先焯水，再撕成条，否则炒出来汤汁太多，出不了干香的效果。

蒜香蟹味菇

Cooking Materials

原料	蟹味菇 500 克
	蒜 5 瓣
调料	生抽 1 汤匙
	黑胡椒碎 1/2 茶匙
	盐 1/4 茶匙

蟹味菇

黑胡椒碎

蒜

做法

1　蟹味菇洗净，去掉根部；蒜切末。锅中倒入适量的油，大火烧热，放入蟹味菇，炒至出汤，继续炒至汤汁干。

2　将蟹味菇拨到锅边，锅中倒一点儿油，加热至油温热后爆香蒜末。

3　将蟹味菇拨回到锅中，加入所有调料，炒匀即可。

超级啰唆

● 用蟹味菇味道比较好，体积小，容易熟。

● 蒜和黑胡椒的量稍微多一点儿更好吃哦。

一周菜单

周 一

周末大吃大喝，今天吃素吧

白菜烧豆腐泡

口蘑西蓝花

蒜酱拌茄条

周 二

今天市场的蛤蜊很新鲜哦

蛤蜊炒丝瓜

香芹小炒肉

椒麻拌面

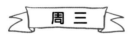
周 三

胃口不好，来个酸辣菜开开胃吧

白灼双蔬

虾皮炒黄瓜

酸辣肥牛

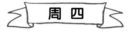
周 四

有点上火，吃个苦瓜吧

回锅龙利鱼

豆豉苦瓜

蚝油生菜

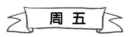
周 五

周五，开启假期啦

口蘑白菜

黑椒肉末白玉菇

芦笋百合腊肠小炒

Part 5

送上一周菜单

SONGSHANG YIZHOU CAIDAN

56

白菜烧豆腐泡

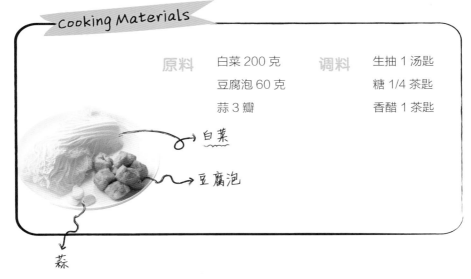

Cooking Materials

原料　白菜 200 克　　调料　生抽 1 汤匙
　　　豆腐泡 60 克　　　　　糖 1/4 茶匙
　　　蒜 3 瓣　　　　　　　香醋 1 茶匙

白菜

豆腐泡

蒜

做法

1 　白菜洗净后切粗条，豆腐泡切片，蒜切末。

2 　锅中倒入适量油，加热至油温热时放入蒜末，炒香后放入白菜
　　条，大火炒至白菜微塌。

3 　放入豆腐泡，加入所有调料，炒匀即可。

超级啰唆

● 这道菜简单又清淡，很适合忙碌的晚餐或者想清清肠胃的时候。
如果你觉得太清淡了，可以放几粒海米一起炒。

● 豆腐泡切两刀，变成 3 片，这样容易入味。

● 白菜炒的过程中会出水，不用加水，水太多就不好吃了。

超级啰唆

- 西蓝花焯水的时间不要太长，焯水时在水里加一点儿油和盐，能让焯过的西蓝花颜色更翠绿。
- 口蘑也可以换成你喜欢的其他蘑菇，炒的时候切薄片，比较易熟。彩椒放的时间不要太早，如果没有，不放也行。

KUAI SHOU CHU FANG

57

口蘑西蓝花

西蓝花

葱

蚝油

口蘑

彩椒

原料　西蓝花 1 棵
　　　　口蘑 200 克
　　　　红黄彩椒各 1/4 个
　　　　葱 1 小段

调料　蚝油 1 汤匙
　　　　盐 2 克

做法

1　口蘑洗净，切 1.5 毫米厚的片；彩椒切小菱形块；葱切末。西蓝花洗净后掰成小朵，放入沸水中焯烫 30 秒后捞出过凉水，然后捞出沥干水分。

2　锅中放油，加热至油热后放入葱花，爆出香味后倒入口蘑片，炒到口蘑片变软。

3　倒入焯好的西蓝花，翻炒均匀后加盐、蚝油，炒匀。

4　加彩椒块，再炒大约 20 秒即可出锅。

58

蒜酱拌茄条

Cooking Materials

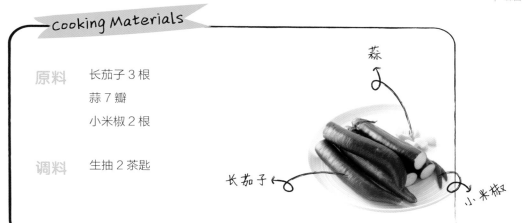

原料　长茄子 3 根
　　　蒜 7 瓣
　　　小米椒 2 根

调料　生抽 2 茶匙

蒜

长茄子

小米椒

做法

1　茄子洗净，带皮切5厘米长、小指粗细的条；蒜切末；小米椒切圈。

2　将蒜末、小米椒放入生抽中拌匀。

3　将茄子放入蒸锅中汽蒸7分钟，待表皮变皱、茄子变软就可以取出了。将茄子中的水控出，淋上拌好的生抽即可。

超级啰唆

● 茄子最好选择皮薄的长茄子。

● 蒸茄子时，最好将茄子平铺在足够大的盘子上，避免堆叠在一起，这样更容易熟。

超级啰唆

● 蛤蜊用花蛤、文蛤都行，一般市场上卖的蛤蜊都是吐好沙子的，
回家洗干净直接用就行。买的时候可以问问店家。

● 蛤蜊本身有咸味，丝瓜在焯烫时也加了一点儿盐入了些底味儿，
所以炒的时候就不需要加盐了，太咸了鲜味儿就淡了。

KUAI SHOU CHU FANG

59

蛤蜊炒丝瓜

蛤蜊　蒜　姜　丝瓜

原料　蛤蜊 300 克　　**调料**　料酒 1 汤匙
丝瓜 1 根　　　　　盐（焯烫用）1/2 茶匙
蒜 2 瓣
姜 1 小块

做法

1　丝瓜洗净后刮掉表皮，切成滚刀块；姜、蒜切末。

2　汤锅中加水，水里加盐，水开后放入丝瓜，焯烫 20 秒后捞出过凉水，沥干。

3　锅内倒油，加热至油热后放姜末、蒜末，炒出香味后倒入洗净的蛤蜊，大火翻炒几下后淋入料酒，继续大火翻炒至蛤蜊开口。

4　放入丝瓜，翻炒均匀即可。

超级啰唆

- 用猪里脊肉或后腿肉炒这道菜都可以，提前腌一下，肉片既入味又很嫩。
- 小米椒和杭椒有不同的辣度，放在一起炒很有层次感。如果你不太能吃辣，可以不放小米椒，或者放不太辣的美人椒搭配颜色。
- 用细细的香芹炒味道很好，还可以加一点儿木耳一起炒。

60

香芹小炒肉

Cooking Materials

小米椒
蒜
葱
杭椒
香芹
猪后腿肉
姜

原料　猪后腿肉 200 克
香芹 100 克
杭椒 5 根
小米椒 3 根
葱 1 段
姜 3 片
蒜 1 瓣

调料　料酒 1 汤匙
生抽 2 汤匙
干淀粉 1 茶匙
盐 1/2 茶匙

做法

1　肉切薄片，放入碗中，加 1 汤匙生抽、料酒搅匀，加入干淀粉搅匀，淋入植物油，搅匀后腌制 5 分钟。香芹切 4 厘米长的段；杭椒、小米椒斜切成段；葱姜蒜切末。

2　锅中倒油，油热后放入肉片，炒到肉片变色后盛出或拨到一边。

3　锅里留一点儿底油，放入葱姜蒜末炒香后放入香芹、杭椒、小米椒。

4　翻炒 0.5 分钟后，倒入生抽和盐，再炒 0.5 分钟即可。

61

椒麻拌面

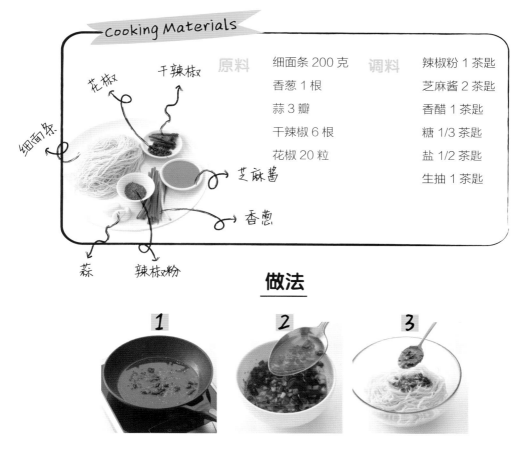

Cooking Materials

花椒　干辣椒

细面条

原料　细面条 200 克　调料　辣椒粉 1 茶匙

香葱 1 根　　芝麻酱 2 茶匙

蒜 3 瓣　　　香醋 1 茶匙

干辣椒 6 根　糖 1/3 茶匙

花椒 20 粒　　盐 1/2 茶匙

生抽 1 茶匙

芝麻酱

香葱

蒜　辣椒粉

做法

1　**2**　**3**

1　葱切葱花，蒜切末，干辣椒掰成小段。锅中倒入适量油，放入花椒，炒至微微变色时放入干辣椒段，炸出香味。

2　倒入盛有蒜末、葱花、辣椒粉的碗中。

3　煮一锅水，水开后下面条，煮熟（挑一根面条掐断，里面有一点白心即可）后捞出，放入清水中冲掉多余的淀粉，沥干水分。将剩余调料和炸好的料油浇在煮好的面条上，拌匀即可。

超级啰嗦

● 我用的芝麻酱是已经调好的，不用自己澥开。如果你买的芝麻酱特别浓稠，要提前澥开哦（将少量凉开水分次倒入芝麻酱中，每倒入一次搅匀后，再倒下一次）。

● 如果你特别喜欢吃椒麻的味道，可以根据自己的口味多放一些辣椒和花椒。

● 在市场上买细一些的面条，拌好后会比较入味儿。

● 面条不要煮得过熟，出锅后最好用清水洗掉表面的淀粉，口感才会爽滑好吃。

62

白灼双蔬

胃口不好，来个酸辣菜开开胃吧

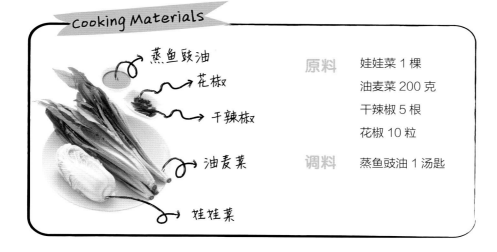

Cooking Materials

蒸鱼豉油
花椒
干辣椒
油麦菜
娃娃菜

原料　娃娃菜 1 棵
油麦菜 200 克
干辣椒 5 根
花椒 10 粒

调料　蒸鱼豉油 1 汤匙

做法

1　娃娃菜洗净，对半切开，再一分为四；油麦菜洗净，切成和娃娃菜等长的段。

2　锅内烧水，水开后先放入娃娃菜，焯烫30秒后捞出过凉水；再放入油麦菜，焯烫10秒后捞出过凉水，沥干。

3　把沥干水分的娃娃菜和油麦菜摆入盘中，淋上蒸鱼豉油，干辣椒剪成段放到中间。小锅内倒入油，加热至油热后放入花椒，小火煸至出香味后把花椒捞出去，继续加热至油微微冒烟后，浇到干辣椒段上，就可以开吃啦。

◁ 超级啰唆 ▷

● 对于厨房新手，直接用蒸鱼豉油做汁，再加上热油激发干辣椒的香气，既简单又能保证味道，其他凉拌菜也可以试试这个做法哦。

● 娃娃菜和油麦菜焯烫的时间不要太长，太长了口感就不脆了。

虾皮炒黄瓜

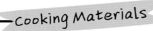

Cooking Materials

原料　黄瓜 1 根
　　　虾皮 20 克
　　　蒜 2 瓣

调料　盐 1/2 茶匙
　　　糖 1/2 茶匙

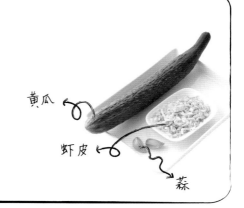

黄瓜　↙
虾皮　↙
　　　蒜

做法

1　黄瓜洗净，带皮切滚刀片（就是按滚刀块的方法切，切一下转一下黄瓜，但是刀斜的角度大一些，切成稍薄稍长的片状）；蒜切片。

2　锅内倒油，加热至油温热后倒入蒜片炒香，再倒入虾皮，翻炒几下。

3　放入黄瓜，炒0.5分钟，加盐、糖，炒匀出锅即可。

超级啰唆

● 之所以切滚刀片，是因为滚刀块太厚不容易入味，切片又太容易炒软，反倒是这种一边薄一边厚的形状口感更丰富，你可以试试看。

● 这道菜绝对是一道超级快手菜，估计从清洗食材到菜品上桌，也就五六分钟的时间。

● 不喜欢吃蒜味儿的也可以不放蒜。

64

酸辣肥牛

周三　胃口不好，来个酸辣菜开胃吧

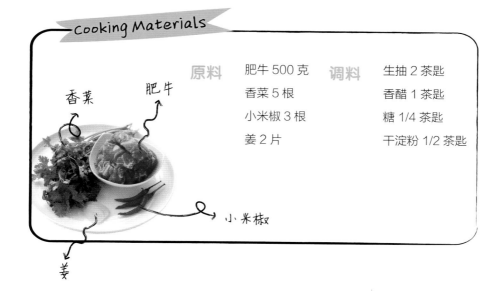

Cooking Materials

香菜　　肥牛

小米椒

姜

原料		调料	
肥牛 500 克		生抽 2 茶匙	
香菜 5 根		香醋 1 茶匙	
小米椒 3 根		糖 1/4 茶匙	
姜 2 片		干淀粉 1/2 茶匙	

做法

1　香菜洗净，切3厘米长的段；姜切丝；小米椒切小圈。所有调料放入碗中调匀备用。锅中倒入足量水，烧开后放入肥牛，变色后马上捞出（七八秒），控干水分。

2　炒锅中倒入少许油，加热至油温热时放入姜丝、小米椒炒香。

3　倒入肥牛、调料汁、香菜，炒匀即可。

超级唠唠

●肥牛焯烫变色后要马上捞出，时间一长，肉就老了，不好吃啦。

●香菜要最后放，这样才能既有香味又有卖相。

●做这道菜最好用香醋，味道会比陈醋、米醋好。

回锅龙利鱼

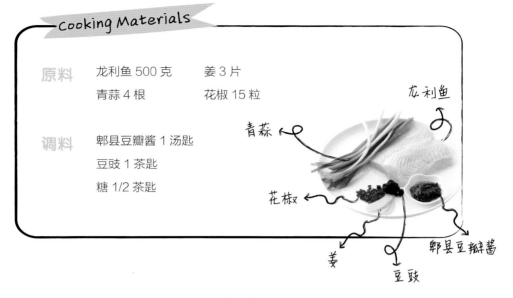

Cooking Materials

原料	龙利鱼 500 克　　姜 3 片
	青蒜 4 根　　　　花椒 15 粒
调料	郫县豆瓣酱 1 汤匙
	豆豉 1 茶匙
	糖 1/2 茶匙

龙利鱼

青蒜

花椒

姜

豆豉

郫县豆瓣酱

做法

1　龙利鱼切成长 5 厘米、宽 3 厘米的块；青蒜斜切成 4 厘米长的段；豆豉稍微切几刀。煮一锅水，水开后放入龙利鱼块，鱼肉变白后立刻捞出，沥干水分。

2　炒锅中倒入油，加热至油温热时放入姜片、花椒、豆豉煸香，加入郫县豆瓣酱，小火炒出红油。

3　放入龙利鱼，加入糖、青蒜段，炒匀即可。

超级啰唆

● 龙利鱼肉很嫩，不要焯太长的时间。

● 郫县豆瓣酱有咸味，最好尝一尝再决定还要不要加盐了。

● 如果你买的是风味豆豉，就可以直接用；如果是干豆豉，就需要浸泡后再使用。

超级啰唆

- 怕苦的话，苦瓜里的白瓤多挖去一些。
- 豆豉切碎，味道更好些。

KUAI SHOU CHU FANG

66

豆豉苦瓜

◂ Cooking Materials ◂

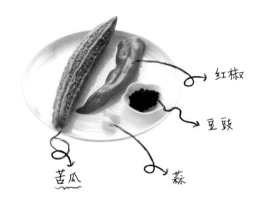

原料	苦瓜 1 根	调料	豆豉 1.5 茶匙
	红椒 1/3 个		糖 1/3 茶匙
	蒜 2 瓣		香醋 1/3 茶匙
			盐 1/4 茶匙

→ 红椒

→ 豆豉

苦瓜 → 蒜

做法

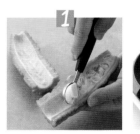   

1 苦瓜洗净，纵向切开，用勺子挖掉里面的白瓤，切成 0.4 厘米厚的片；红椒去籽，切小片；蒜切末；豆豉切碎。

2 锅中倒入油，加热至油温热时放入蒜末、豆豉，小火炒香。

3 放入苦瓜。

4 加红椒片、糖、香醋、盐，炒至苦瓜颜色变深即可。

67

蚝油生菜

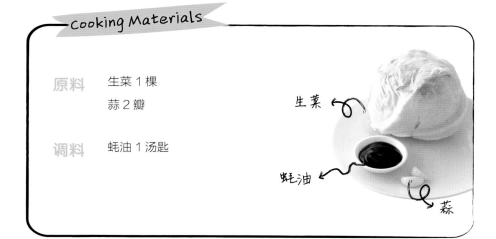

Cooking Materials

原料　　生菜 1 棵
　　　　蒜 2 瓣

调料　　蚝油 1 汤匙

生菜
蚝油
蒜

做法

1　生菜洗净后撕成直径为五六厘米的小块，充分沥干水分；蒜切末备用。

2　锅中倒油，加热至油热后放入蒜末，炒出香味后放生菜，大火翻炒几下后改中小火，盖上锅盖，焖30秒。

3　打开锅盖继续大火翻炒十几秒，炒到生菜变色透明，倒入蚝油，关火。利用余温把蚝油翻炒均匀，立刻出锅即可。

超级啰唆

● 炒蚝油生菜，最重要的就是快，炒到八成熟（生菜颜色开始变透明）时就放蚝油，关火，利用余温把生菜焖熟，不然生菜软趴趴的就不好吃了。

● 生菜入锅后调成中小火，盖盖儿焖一下，能让生菜快速变软，还能避免大火炒糊，比较适合厨房新手。

● 不喜欢蒜味的可以不放蒜。

KUAI SHOU CHU FANG

68

口蘑白菜

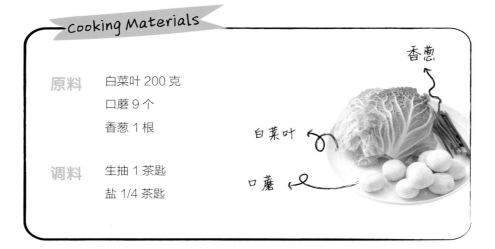

Cooking Materials

原料　白菜叶 200 克
　　　口蘑 9 个
　　　香葱 1 根

调料　生抽 1 茶匙
　　　盐 1/4 茶匙

香葱

白菜叶

口蘑

做法

1　白菜叶洗净后用手撕成中等大小的片；口蘑洗净，切成2毫米厚的片；香葱切段。

2　锅中倒入适量油，加热至温热时放入葱段，中火炒出香味后放入口蘑片，大火炒至口蘑出来的水分将近收干。

3　放入白菜叶片，加入调料，炒至白菜叶变塌即可。

超级啰唆

● 这道菜只用到菜叶部分，剩余的菜帮可以凉拌，也可以炒着吃。

● 口蘑不要选特别白的。蘑菇蒂和伞柄的连接部位没有脱离就是新鲜的。

超级啰唆

● 想到家很快就能吃上饭，首先食材就得选好洗好切的，肉直接用肉末，白玉菇去根洗洗就行，彩椒没有的话可以不放，从洗到吃，不到10分钟准能上桌。

● 肉末用料酒和生抽腌制一下味道更好，没时间的话可以省略这步，在倒入肉末翻炒时，烹入料酒去腥也可以。

● 白玉菇洗净后要尽量沥干水分，不然炒的时候容易出汤。

● 黑胡椒最好用现磨的黑胡椒碎。

黑椒肉末白玉菇

Cooking Materials

黄彩椒　红彩椒　猪肉末　姜　白玉菇　葱

原料	猪肉末 50 克	**调料**	蚝油 1 汤匙
	白玉菇 200 克		黑胡椒 1/2 茶匙
	红、黄彩椒各 1/4 个		盐 1/2 茶匙
	葱 1 小段	**腌肉调料**	料酒 1/2 汤匙
	姜 1 小块		生抽 1/2 汤匙

做法

1　猪肉末中加料酒、生抽拌匀，腌制 5 分钟；白玉菇去根，洗净，控干水分；红、黄彩椒切菱形块；葱姜切末。

2　锅内放油，加热至油热后倒入猪肉末，用铲子拨散，炒到部分猪肉末变色后，放入葱姜末，炒出香味后放入白玉菇，继续翻炒约 2 分钟。

3　放入彩椒块，加入盐、蚝油、黑胡椒，翻炒均匀就能出锅啦。

超级啰嗦

- 这道菜不需要加很多调料，一点点盐就可以了。
- 胡萝卜切花是为了好看，如果没有花型模具，直接切片也行。
- 腊肠换成腊肉也可以，不过有的腊肉偏硬，需要提前蒸一下再炒。

70

芦笋百合腊肠小炒

「扫一扫，
跟文怡学做菜」

Cooking Materials

胡萝卜

腊肠

芦笋

百合

原料　芦笋 300 克
　　　　百合 100 克
　　　　胡萝卜半根
　　　　腊肠半根

调料　盐 1/2 茶匙

做法

1　芦笋削去老皮，斜切成段；胡萝卜切片或切花；鲜百合洗净掰开；腊肠切片。

2　锅内放油，先炒腊肠片，炒到油分析出，放入胡萝卜片炒软。

3　再放入芦笋和百合。

4　加盐，炒熟出锅即可。

索引